芹菜病虫害安全防治手册

石延霞　主编

中国农业大学出版社
·北　京·

图书在版编目(CIP)数据

芹菜病虫害安全防治手册/石延霞主编.—北京:中国农业大学出版社,2016.1

ISBN 978-7-5655-1486-9

Ⅰ.①芹…　Ⅱ.①石…　Ⅲ.①芹菜-病虫害防治-手册　Ⅳ.①S436.36-62

中国版本图书馆CIP数据核字(2016)第017106号

书　　名	芹菜病虫害安全防治手册		
作　　者	石延霞　主编		
策划编辑	孙　勇	责任编辑	孙　勇
封面设计	郑　川	责任校对	王晓凤
出版发行	中国农业大学出版社		
社　　址	北京市海淀区圆明园西路2号	邮政编码	100193
电　　话	发行部 010-62818525,8625	读者服务部	010-62732336
	编辑部 010-62732617,2618	出　版　部	010-62733440
网　　址	http://www.cau.edu.cn/caup	**e-mail**	cbsszs@cau.edu.cn
经　　销	新华书店		
印　　刷	涿州市星河印刷有限公司		
版　　次	2016年2月第1版　2016年2月第1次印刷		
规　　格	880×1 230　32开本　2.25印张　40千字　彩插1		
定　　价	8.50元		

图书如有质量问题本社发行部负责调换

主　编　石延霞

副主编　杜相革　徐学农

编　委　卢志军　吴青君　何洪巨　易欣欣　罗　晨
　　　　　王红波　董　民　王恩东　王艳辉　席　昕

内 容 简 介

本书内容包括芹菜常见病虫害种类和识别、常见病虫害防治历、适合芹菜生产的药剂及产品安全和质量控制。

本书将有助于提高菜农的安全意识、风险意识和环保意识。

序

为减少病虫害对叶类蔬菜危害，减少化学农药的使用量和提高安全程度，现代农业产业体系北京市创新团队叶类蔬菜团队病虫害防控与产品安全研究室，组织有关专家编写了叶类蔬菜病虫害安全防治手册系列丛书，包括《菠菜病虫害安全防治手册》《生菜病虫害安全防治手册》《芹菜病虫害安全防治手册》《叶用油菜病虫害安全防治手册》《快菜病虫害安全防治手册》，旨在为北京市蔬菜基地、田间学校和试验站的技术人员提供实际指导和参考。

该系列书主要内容包括：叶类蔬菜常见病虫害种类和识别、常见病虫害防治历、适合叶类蔬菜生产的药剂及其产品安全和质量控制，建立以病虫害控制为核心的有效、安全和实用的防治历、有效药剂和安全控制关键点。

本书将有助于提高菜农的安全意识、风险意识和环保意识。

现代农业产业技术体系北京市叶类蔬菜创新团队

前　言

我国芹菜栽培始于汉代，至今已有 2 000 多年的历史。起初仅作为观赏植物种植，后作食用，经过不断地驯化培育，形成了细长叶柄型芹菜栽培种。芹菜在北京年种植面积大约在 1 万亩，是北京地区重要的叶类蔬菜品种。

经过近几年的调研，结合团队的田间试验工作，针对目前北京市芹菜生产中出现的主要问题及新问题，现代农业产业技术体系北京市叶类蔬菜创新团队病虫害防控与产品安全研究室编写了北京市叶类蔬菜安全防治手册系列丛书之《芹菜病虫害安全防治手册》。

本书共分四章，第一章描述了北京地区芹菜常见病虫害类型、识别方法；第二章总结了北京春秋茬露地与设施芹菜虫害防治历，重点推荐了高效低毒的化学药剂使用方法及安全间隔期以及生物防治方法；第三章介绍了适用于芹菜安全生产的植物源、微生物源以及化学合成药剂的作用特点和注意事项；第四章芹菜生产中的安全知识，包括药剂的合理使用、致病微生物污染预防以及重金属污染规避措施等内容。

本书内容力求简明扼要、通俗易懂、重点突出，希望对从事生菜生产的用户有所帮助。

限于编者水平，本书不足或错误之处难免，敬请广大读者及用户批评指正。

编者
2015 年 12 月

目　　录

第一章　芹菜常见病虫害种类和识别

第一节　菌　核　病

一、田间识别

芹菜菌核病主要危害叶片和茎秆。叶片上发生，先出现淡黄色水渍状斑，湿度大时形成软腐，并产生一层厚密的白色霉层，后期产生黑色鼠粪状菌核。条件适宜可危害芹菜茎秆部，初呈水渍状浅褐色凹陷病斑，以后植株表皮干枯纵裂；湿度大时，呈软腐状，表面产生白霉，最后形成鼠粪状黑色菌核，菌核可落入田间。

二、防治方法

1.农业防治

(1)轮作。与其他蔬菜作物轮作 3 年以上。

(2)清洁田园，利用夏季高温天气，空棚 1～2 个月，将棚土深翻土壤 40cm，灌水，铺盖地膜，密闭棚室 15～20 d。

(3)施足腐熟有机肥,增施磷钾肥,采用无滴棚膜,或应用地膜覆盖,棚室栽培注意放风降湿,及时清除病株。

(4)发病时及时清除病残体及落入田间的菌核体,并带出田外烧毁,病穴施药或生石灰。

2.药剂防治

参照相应芹菜病虫害安全防控防治历。

第二节　软　腐　病

一、田间识别

芹菜软腐病又称"烂疙瘩",主要发生于芹菜茎基部或茎杆上。从叶柄基部开始发病,发病初期先出现水浸状,形成淡褐色梭形或不规则的凹陷斑,后呈湿腐状,变黑腐烂,有"恶臭"味,植株倒伏死亡。

二、防治方法

1.农业防治

(1)轮作,采取与茄果类或瓜类作物进行 2～3 年的轮作栽培。

(2)定植、除草、施药等各种田间管理过程中,应避免伤根或使植株造成伤口。

(3)露地栽培在降雨后及时排除积水。

(4)病株及病残体及时清除田间，集中销毁，发病地块撒入石灰等消毒。

(5)棚室利用防虫网，及时防虫，避免因为虫食造成伤口，导致发病。

2. 药剂防治

参照相应芹菜病虫害安全防控防治历。

第三节　根　腐　病

一、田间识别

芹菜根腐病主要危害根部和茎基部。被侵害部位开始产生水浸状红褐色斑，几天后变为暗褐色或黑褐色，稍凹陷，叶片逐渐变黄，由下向上发展。受害主根变褐，须根变少。与软腐病区别在于软腐病病部呈黄褐色至黑褐色腐烂，且有恶臭味。

二、防治方法

1. 农业防治

(1)实时实行轮作。与其他作物进行2～3年轮作。培育无病壮苗，可用无病菌土壤育苗或进行苗床消毒。

(2)科学栽培管理：注意增施有机肥和磷钾肥，防止单一使用氮肥或减少氮肥用量，实时中耕培土，增加土壤的透气性。

2. 药剂防治

参照相应芹菜病虫害安全防控防治历。

第四节　灰　霉　病

一、田间识别

芹菜灰霉病，主要危害叶片和茎部，苗期至成株期均可感染。叶片发病，在叶缘向内发展，形成浅褐色“V”字形病斑，由于田间湿度不同，可能造成轮纹状病斑，湿度大时病斑上产生灰色霉层。茎秆发病，初期表现为水浸状，后病部软化、腐烂或萎蔫，病部出现浓密的灰色霉层。如长期高湿，芹菜会整株腐烂，倒伏。

二、防治方法

1. 农业防治

(1)选取抗病品种，培育无病壮苗。

(2)降低田间湿度，合理密植，加强棚室通风管理，控制浇水量，防止湿度过大。

2. 药剂防治

参照相应芹菜病虫害安全防控防治历。

第五节　叶　斑　病

一、田间识别

芹菜叶斑病，从苗期到收获期均可发生。一般叶片及茎秆均可发病。危害叶片，成熟老叶比嫩叶易感染。叶片发病初期，出现黄绿色水渍状斑，病斑浅褐色，后发展为圆形或不规则形，直径 3～10 mm，后期病斑扩大连片并蔓延整叶，致使叶片变褐色且稍凹陷。发病茎秆出现浅褐色水浸状不规则斑块，严重时病斑在茎秆连片凹陷，导致茎秆折断，发病严重时全株倒伏。

二、防治方法

1.农业防治

选用适宜本地的抗病品种。培育无病壮苗，田间合理密植，注意棚室的通风，降低湿度。生长期要及时摘除病叶，芹菜收获后要彻底清理田间，病株残体要清除田间，并集中烧毁或深埋处理，以减少菌源。

2.药剂防治

参照相应芹菜病虫害安全防控防治历。

第六节　斑　枯　病

一、田间识别

芹菜斑枯病又称叶枯病。从苗期到成株期均可发病，一般叶片及茎秆均可受害，也可为害叶柄。叶片发病，发病初期，叶片出现油渍状小斑点，直径一般小于 5 mm，边缘清晰。病斑逐渐发展变成褐色，组织坏死，病斑上散生一些小黑点，可与叶斑病区别，发病严重整片叶片枯黄。发病茎部出现油浸状梭形或不规则形病斑，病斑浅褐色，上生有黑色小点，严重常常导致茎秆折断，倒伏。

二、防治方法

1. 农业防治

(1)清洁田园：发病植株及时清除田园，并燃烧或深埋。

(2)轮作倒茬：一般在种植区应实行 2～3 年轮作。

(3)适时播种，合理密植，适当施肥，可以适当提早或延迟播种到定植的时间，避开发病严重的夏秋季高温期。所用有机肥料必须经过充分发酵腐熟。

2. 药剂防治

参照相应芹菜病虫害安全防控防治历。

第七节 蚜 虫

一、田间识别

俗称腻虫或蜜虫，可分泌蜜露。体小型，多数 2 mm 左右。有有翅型与无翅型。有卵生、也有卵胎生，即大蚜虫产小蚜虫。触角细长，翅二对，透明。腹末两侧有两个小管状结构——腹管。

芹菜上的蚜虫以刺吸式口器吸食芹菜汁液，危害芹菜叶片后，导致叶片卷曲皱缩褪绿，黄化矮缩(封三图 1)。

二、防治方法

1. 农业防治

清洁田园。清除田间病残体，并进行于田闲季节高温闷棚土壤消毒。

2. 物理防治

棚室布好防虫网，田间利用蚜虫对银灰色的负趋性和对黄色的正趋性，可以铺设银灰色地膜来趋避蚜虫和悬挂黄色诱虫板来灭蚜。

3. 生物防治

利用蚜虫天敌预防虫害。田间释放如七星瓢虫、草蛉、小

花蝽和食蚜蝇等天敌等

4.药剂防治

参照相应芹菜病虫害安全防控防治历。

第八节 斑 潜 蝇

一、田间识别

体小型,成虫 2 mm 左右。形似小苍蝇。体淡灰黑色,复眼红色。幼虫蛆形。

斑潜蝇主要以幼虫在叶片组织内取食危害,在育苗形成不规则弯曲的蛇形虫道,严重时芹菜叶片布满白色虫道(鬼画符),影响芹菜叶片的光合作用,造成叶片早衰变黄、枯死。

二、防治方法

1.农业防治

(1)合理轮作,可 2～3 年实行与茄果类、豆类轮作或间作。

(2)合理密植,增加棚(室)通风透气性。

(3)及时清洁棚(室),将被斑潜蝇为害过的残体清除田园,集中烧毁、深埋或沤肥。

2.物理防治

(1)田间悬挂黄色诱虫板。

(2)在利用夏秋季高温季节设置闲置期，密闭棚室，高温闷棚 7～10 d，使棚室内温度达 60～70℃，杀死斑潜蝇。

3. 药剂防治

参照相应芹菜病虫害安全防控防治历。

第九节　蓟　　马

一、田间识别

田间识别如封二图 1 所示。

体微小，成虫 1～2 mm。口器锉吸式，触角线形，念珠状。翅狭长，边缘有长毛。幼虫多淡黄色。卵产在植物组织内。

蓟马成虫喜嫩绿，且活动能力强，但畏惧强光，白天多隐蔽在叶背或生长点周围，傍晚活动能力很强。以成虫和幼虫锉吸芹菜叶片危害，被害芹菜生长点萎缩，叶片卷曲，畸形，影响光合作用。苗期危害常造成叶片皱缩、粗糙，受害点(面)斑枯，几近透明，失去光合作用能力，植株生长缓慢。

二、防治方法

1. 农业防治

(1)培养无虫苗，防治带虫定植，同时清除田间杂草，减少虫源。

(2)棚室设防虫网，加强水肥管理，使植株生长健壮。

2. 物理防治

蓟马对蓝色具有较强的趋向性，田间可悬挂蓝板进行诱杀。此外，也可以通过诱集黄板进行诱杀。这种黄板上涂有引诱蓟马的特殊物质。

3. 生物防治

田间释放捕食螨以及一些天敌昆虫。可供选择的捕食螨种类有巴氏新小绥螨和剑毛帕厉螨等。小花蝽如东亚小花蝽也是非常理想的蓟马天敌。

4. 药剂防治

参照相应芹菜病虫害安全防控防治历。

第十节　叶　　螨

一、田间识别

田间识别如封三图 2 所示。

叶螨体型小，不足 1 mm。幼螨三对足，若螨和成螨为四对足。幼螨至成螨均可危害，以刺吸式口器刺吸植物汁液。在芹菜受害初期，叶片正面可见失绿的点，以后点逐渐连成白色的线。整个叶片受害时，叶片失绿，密布白色点线，但叶脉仍为绿色。叶螨密度高时，可形成网，把叶片包被其中。叶螨会在叶尖集结成群。

二、防治方法

1. 农业防治

（1）田园清洁。为害严重的植株或叶片要及时清除，带出田外集中销毁。

（2）适当增加田间湿度。叶螨在低湿时发生严重。

2. 生物防治

田间释放捕食螨。可供选择的捕食螨有智利小植绥螨、巴氏新小绥螨、加州新小绥螨等。

3. 药剂防治

参照相应芹菜病虫害安全防控防治历。

第十一节　蛞　　蝓

一、田间识别

田间识别如封三图 3 所示。

蛞蝓，外表看起来像没壳的蜗牛，体软，体表湿润有黏液，生活在潮湿、阴暗的环境下，俗称软蜗牛、鼻涕虫等。体有黏液腺，分泌黏液，行进经过处，常留有白色黏液的痕迹，感觉灵敏，触之立即蜷缩。蛞蝓对甜味、香味、腥味具有一定的趋性。蛞蝓昼伏夜出，白天喜隐蔽，最害怕光照，晚上出来为害，主要为害叶菜类、瓜果类及豆类蔬菜，蔬菜在幼苗期被害较重，受害叶片成孔洞或缺刻状，植株被其排出的粪便及黏液所污染，易诱发病害，严重影响蔬菜品质。春、秋两季是蛞蝓危害活动的主要时期，为防治的关键时期。

二、防治方法

1.农业防治

(1)翻耕土地，使蛞蝓的成体、幼体、卵充分暴露于地上；沤制堆肥以消除蛞蝓的滋生地。

(2)及时清理田埂间蛞蝓喜食的蔬菜残根烂叶。

2.物理防治

(1)在菜园垄间或角落撒上生石灰，可阻止蛞蝓为害。

(2)利用蛞蝓对甜味、香味、腥味具有一定的趋性，田间挖坑可乐瓶装啤酒，利用啤酒诱杀；也可利用嫩菠菜叶、白菜叶等有气味的食物进行诱杀。

(3)利用蛞蝓昼伏夜出和喜湿怕光的习性，在晚上 10 点以前借助电灯照明，采用人工捕杀。

3.生物防治

温室内在蛞蝓为害严重的连阴天，放鸭等家禽、蛙类或捕食性甲虫猎食蛞蝓。

4.药剂防治

参照相应芹菜病虫害安全防控防治历。

第十二节　根结线虫病

一、田间识别

芹菜根结线虫田间发生，病植株呈块状黄化和矮化分布，病株生长矮小，色黄，基部叶片枯黄。拔出病株可见根结产生于侧根和须根的前部，多个根结互相愈合后形成长弯曲的肿块，根结在根上连续产生，呈串珠状。

二、防治方法

1.农业防治

(1)培育无病壮苗，苗床土消毒，防治将苗期传染。

(2)成熟收获后要彻底清洁田园。一些杂草也是根结线虫的寄主，清除田边杂草，并将芹菜病残体带出田间，集中烧毁。

2.生物防治

淡紫拟青霉，撒施或浇施。撒施用量为 10 kg/667 m^2，浇施浓度为 50 倍液。

3.药剂防治

参照相应芹菜病虫害安全防控防治历。

第二章　芹菜常见病虫害防治历

第一节　春茬芹菜病虫害安全防控防治历

一、春茬露地芹菜病虫害安全防控防治历

生育期	病虫种类	防治方法	安全间隔期(d)	备注
育苗期	菌核病	40%菌核净可湿性粉剂 1 000 倍苗床喷淋	50	
	软腐病	20%叶枯唑可湿性粉剂 400 倍苗床喷淋	21	
	根腐病	30%恶霉灵水剂 600 倍液苗床灌施	21	
幼苗期	蚜虫	10%吡虫啉可湿性粉剂 4 000 倍喷雾;5 d 1 次,连续 2 次	20	
	斑潜蝇	2.5%高效氯氟氰菊酯乳油 2 500 倍喷雾,7 d 1 次,连续 2 次	7	初见虫道时用药
	蓟马	10%溴虫腈悬浮剂 1 500 倍液喷雾;7 d 1 次,连续 2 次	14	

续表

生育期	病虫种类	防治方法	安全间隔期(d)	备注
	菌核病	50%腐霉利可湿性粉剂 1 500 倍全株喷淋;7 d 1 次,连续 2 次	25	
	软腐病	72%农用链霉素 3 000 倍喷淋;7 d 1 次,连续 2 次	5	
外叶生长期	蚜虫	1.5%天然除虫菊素 800 倍喷雾;5 d 1 次,连续 2 次	2	
	斑潜蝇	5%氟虫脲乳油 1 000 倍液喷雾;5 d 1 次,连续 2 次	20	初见虫道时用药
	蓟马	6%乙基多杀菌素悬浮剂 2 000 倍喷雾;只喷 1 次	7	
	菌核病	40%菌核净可湿性粉剂 1 500 倍液茎基部喷灌施药;7 d 1 次,连续 2 次	21	
心叶生长期	蚜虫	2%苦参碱水剂 800 倍喷雾;5 d 1 次,连续 2 次	2	
	斑潜蝇	10%灭蝇胺水剂 1 000 倍喷雾;10 d 1 次,连续 2 次	5	初见虫道时用药
	蓟马	5%鱼藤酮乙醇制剂 400 倍喷雾;5 d 1 次,连续 2 次 蓝板诱杀	2	
	菌核病	40%菌核净可湿性粉剂 1 000 倍茎基部喷灌施药;7 d 1 次,连续 2 次	7	

续表

生育期	病虫种类	防治方法	安全间隔期(d)	备注
	根腐病	70%甲基硫菌灵可湿性粉剂1 500倍液灌根施药，每隔7 d施药1次，可施药2次。		
	软腐病	于发病前，使用100亿活孢子/g枯草芽孢杆菌可湿性粉剂1 000倍液，茎基部喷淋或灌根施药，每隔7 d施药1次，连续施药2次。		

备注：要随时调查田间病虫害发生情况，根据当时实际发生情况而采取相应的防控策略，而非在各个生长阶段必须要采用表中的防控手段。早期病虫害得到控制后，后期可少防或完全不防。下表同。

二、春茬设施芹菜病虫害安全防控防治历

生育期	病虫种类	防治方法	安全间隔期(d)	备注
育苗期	斑枯病	10%苯醚甲环唑水分散粒剂2 000倍液叶面喷雾施药	15	
	叶斑病	10%苯醚甲环唑水分散粒剂2 000倍液叶面喷雾施药	30	
	菌核病	40%菌核净可湿性粉剂1 000倍苗床喷淋施药；7 d 1次，连续2次	7～10	
	灰霉病	50%腐霉利可湿性粉剂1 500倍苗床喷淋；7 d 1次，连续2次	15	
	软腐病	于发病前，使用100亿活孢子/g枯草芽孢杆菌可湿性粉剂1 000倍液，全株喷淋施药，每隔7 d施药1次，连续施药2次。	21	

续表

生育期	病虫种类	防治方法	安全间隔期(d)	备注
	根腐病	30%恶霉灵水剂 600 倍液全株喷淋,每隔 7 d 施药 1 次,可施药 2 次。	21	
	线虫病	10%噻唑膦颗粒剂 1.5 kg/667 m^2 撒施。	25	
幼苗期	蚜虫	10%吡虫啉可湿性粉剂 4 000 倍喷雾	20	
	斑潜蝇	2.5%高效氯氟氰菊酯乳油 2 500 倍喷雾,7 d 1 次,连续 2 次	7	初见虫道时用药
	蓟马	10%溴虫腈悬浮剂 1 500 倍液喷雾	14	蓝板或诱集黄板监测。发现蓟马即时采用生物防控措施。发生量大可采用药剂防治。
		释放捕食螨,巴氏新小绥螨或/和剑毛帕厉螨 100～250 头/m^2	无	
		挂放蓝板或诱集黄板。30 张/棚	无	
	叶螨	释放加州新小绥螨或拟长毛钝绥螨,50～100 头/m^2	无	调查田边,发现叶螨初发时
	斑枯病	25%嘧菌酯悬浮剂 2 500 倍液喷雾;7 d 1 次,连续 2 次	3	
	叶斑病	10%苯醚甲环唑水分散粒剂 2 000 倍液喷雾防治,7 d 1 次,连续 2 次	7	禁与铜制剂混用
	菌核病	40%菌核净可湿性粉剂 1 000 倍茎基部喷灌施药;7 d 1 次,连续 2 次	25	
	灰霉病	40%嘧霉胺悬浮剂 1 000 倍喷雾;7 d 1 次,连续 2 次	3	

续表

生育期	病虫种类	防治方法	安全间隔期(d)	备注
	软腐病	于发病前，使用100亿活孢子/g枯草芽孢杆菌可湿性粉剂1 000倍液，茎基部喷淋或灌根施药，每隔7 d施药1次，连续施药2次		
外叶生长期	蚜虫	1.5%天然除虫菊素800倍喷雾；5 d 1次，连续2次	2	
	斑潜蝇	5%氟虫脲乳油1 000倍液喷雾；5 d 1次，连续2次	20	初见虫道时用药
	蓟马	6%乙基多杀菌素悬浮剂2 000倍喷雾；只喷1次	7	
		释放捕食螨，巴氏新小绥螨或/和剑毛帕厉螨100～250头/m^2	无	
		挂放蓝板或诱集黄板。30张/棚	无	
	叶螨	释放加州新小绥螨或拟长毛钝绥螨，100～200头/m^2		
	蛞蝓	6%四聚乙醛颗粒剂，400～544 g/667 m^2，啤酒诱杀		禁止放在植株上
	斑枯病	10%苯醚甲环唑水分散粒剂1 000倍喷雾；7 d 1次，连续2次	2	
	叶斑病	10%苯醚甲环唑水分散粒剂1 000倍喷雾；7 d 1次，连续2次	5	
	菌核病	40%菌核净可湿性粉剂1 000倍茎基部喷灌施药；7 d 1次，连续2次	21	
	灰霉病	10%腐霉利烟剂200～300 g/667 m^2；7 d熏烟1次，连续2次	5	
	线虫	10%噻唑膦颗粒剂，100～125 g/667 m^2土壤施入	25	

续表

生育期	病虫种类	防治方法	安全间隔期(d)	备注
心叶生长期	蚜虫	2%苦参碱水剂 800 倍喷雾；5 d 1 次，连续 2 次	2	
	斑潜蝇	10%灭蝇胺水剂 1 000 倍喷雾；10 d 1 次，连续 2 次	5	初见虫道时用药
	蓟马	5%鱼藤酮乙醇制剂 400 倍喷雾；5 d 1 次，连续 2 次。	2	
		释放捕食螨，巴氏新小绥螨或/和剑毛帕厉螨 100～250 头/m^2	无	
		挂放蓝板或诱集黄板。30 张/棚	无	
	叶螨	释放加州新小绥螨或拟长毛钝绥螨，50～100 头/m^2	无	
	蛞蝓	6%四聚乙醛颗粒剂，400～544 g/667 m^2		禁止放在植株上
	斑枯病	250 克/升嘧菌酯悬浮剂 2 000 倍液叶片喷雾，7 d 1 次，连续施药 2 次。		
	叶斑病	10%苯醚甲环唑水分散粒剂 2 000 倍液喷雾施药；7 d 1 次，连续 2 次	2	
	菌核病	40%菌核净可湿性粉剂 1 000 倍茎基部喷灌施药；7 d 1 次，连续 2 次	7	
	灰霉病	10%腐霉利烟剂密闭棚室熏烟；5 d 1 次，连续 2 次	2	
	根腐病	70%甲基硫菌灵可湿性粉剂 1 500 倍液灌根施药，每隔 7 d 施药 1 次，可施药 2 次		
	软腐病	于发病前，使用 100 亿活孢子/g 枯草芽孢杆菌可湿性粉剂 1 000 倍液，茎基部喷淋或灌根施药，每隔 7 d 施药 1 次，连续施药 2 次。		

第二节 秋茬芹菜病虫害安全防控防治历

一、秋茬露地芹菜病虫害安全防控防治历

生育期	病虫种类	防治方法	安全间隔期(d)	备注
育苗期	蚜虫	10%吡虫啉可湿性粉剂1 000倍喷雾	20	
	斑潜蝇	2.5%高效氯氟氰菊酯乳油2 500倍喷雾;7 d 1次,连续2次	7	初见虫道时用药
	蓟马	10%溴虫腈悬浮剂1 500倍液喷雾	14	
		蓝板诱杀	无	
	菌核病	40%菌核净可湿性粉剂1 000倍苗床喷淋;	50	
	软腐病	20%叶枯唑400倍茎基部喷淋施药。	未知	
	根腐病	30%恶霉灵水剂600倍液灌根	未知	
幼苗期	蚜虫	1.5%天然除虫菊素800倍喷雾;5 d 1次,连续2次	2	
		黄板诱杀	无	
	斑潜蝇	5%氟虫脲乳油1 000倍液喷雾;5 d 1次,连续2次	20	初见虫道时用药
	蓟马	6%乙基多杀菌素悬浮剂2 000倍喷雾;只喷1次	7	
	斑枯病	25%嘧菌酯悬浮剂2 500倍液喷雾;7 d 1次,连续2次	3	

续表

生育期	病虫种类	防治方法	安全间隔期(d)	备注
	叶斑病	10%苯醚甲环唑水分散粒剂1 000倍液喷雾防治;7 d 1次,连续2次	7	禁与铜制剂混用
	菌核病	50%腐霉利可湿性粉剂1 500倍喷雾;7 d 1次,连续2次	25	
	软腐病	72%农用链霉素3 000倍喷灌;7 d 1次,连续2次	5	
外叶生长期	蚜虫	2%苦参碱水剂800倍喷雾;5 d 1次,连续2次	2	
		黄板诱杀	无	
	斑潜蝇	10%灭蝇胺水剂1 000倍喷雾;10 d 1次,连续2次	5	初见虫道时用药
	蓟马	5%鱼藤酮乙醇制剂400倍喷雾;5 d 1次,连续2次	2	
	斑枯病	10%苯醚甲环唑水分散粒剂1 000倍喷雾;7 d 1次,连续2次	2	
	叶斑病	25%嘧菌酯悬浮剂2 500倍液喷雾	5	
	菌核病	40%菌核净可湿性粉剂1 000倍茎基部喷淋施药;7 d 1次,连续2次	21	
心叶生长期	菌核病	40%菌核净可湿性粉剂1 000倍喷淋及灌根施药	7	
	根腐病	70%甲基硫菌灵可湿性粉剂1 500倍液灌根施药,每隔7 d施药1次,可施药2次。		
	软腐病	于发病前,使用100亿活孢子/g枯草芽孢杆菌可湿性粉剂1 000倍液,茎基部喷淋或灌根施药,每隔7 d施药1次,连续施药2次。		

二、秋茬设施芹菜病虫害安全防控防治历

生育期	病虫种类	防 治 方 法	安全间隔期(d)	备注
育苗期	斑枯病	10%苯醚甲环唑水分散粒剂 1 000 倍喷雾;7 d 1 次,连续 2 次	15	
	叶斑病	25%嘧菌酯悬浮剂 2 500 倍液喷雾	30	
	菌核病	40%菌核净可湿性粉剂 1 000 倍苗床喷淋施药	50	
	灰霉病	10%腐霉利烟剂熏烟	15	
	软腐病	20%叶枯唑可湿性粉剂 400 倍茎基部喷淋施药。	21	
	根腐病	30%恶霉灵水剂 600 倍液灌根	21	
幼苗期	蚜虫	10%吡虫啉可湿性粉剂 4 000 倍喷雾;7 d 1 次,连续 2 次	20	黄板挂放稍高于作物
		黄板诱杀,30 块/棚	无	
	斑潜蝇	2.5%高效氯氟氰菊酯乳油 2 500 倍喷雾,7 d 1 次,连续 2 次	7	初见虫道时用药
	蓟马	10%溴虫腈悬浮剂 1 500 倍液喷雾;7 d 1 次,连续 2 次	14	
		释放捕食螨。巴氏新小绥螨和/或剑毛帕厉螨,50～100 头/m^2	无	
		蓝板或诱集黄板诱杀,30 块/棚	无	
	叶螨	释放捕食螨,加州新小绥螨或巴氏新小绥螨,50～100 头/m^2	无	
	斑枯病	25%嘧菌酯悬浮剂 2 500 倍液喷雾;7 d 1 次,连续 2 次	3	

续表

生育期	病虫种类	防治方法	安全间隔期(d)	备注
	叶斑病	25%嘧菌酯悬浮剂 2 500 倍液喷雾;7 d 1 次,连续 2 次	7	禁与铜制剂混用
	菌核病	50%腐霉利可湿性粉剂 1 500 倍喷淋施药;7 d 1 次,连续 2 次	25	
	灰霉病	40%嘧霉胺 1 000 倍喷雾;7 d 1 次,连续 2 次	3	
	软腐病	72%农用链霉素 3 000 倍茎基部喷淋灌根施药;7 d 1 次,连续 2 次	5	
外叶生长期	蚜虫	1.5%天然除虫菊素 800 倍喷雾;5 d 1 次,连续 2 次	2	
		黄板诱杀,30 块/棚	无	
	斑潜蝇	5%氟虫脲乳油 1 000 倍液喷雾;5 d 1 次,连续 2 次	20	初见虫道时用药
	蓟马	6%乙基多杀菌素悬浮剂 2 000 倍喷雾;只喷一次	7	
		释放捕食螨,加州新小绥螨或/和巴氏新小绥螨,100～200 头/m^2	无	
		蓝板或诱集黄板诱杀,30 块/棚	无	
	叶螨	释放捕食螨,加州新小绥螨或巴氏新小绥螨,50～100 头/m^2	无	
	蛞蝓	6%四聚乙醛颗粒剂,400～544 g/667 m^2	10	禁止放在植株上
	斑枯病	10%苯醚甲环唑水分散粒剂 1 000 倍喷雾;7 d 1 次,连续 2 次	2	
	叶斑病	25%嘧菌酯悬浮剂 2 500 倍液喷雾;7 d 1 次,连续 2 次	5	

续表

生育期	病虫种类	防治方法	安全间隔期(d)	备注
	菌核病	40%菌核净可湿性粉剂1 000倍喷淋;7 d 1次,连续2次	21	
	灰霉病	10%腐霉利烟剂200～300 g/667 m^2;7 d 1次,连续2次	5	
	线虫	20%悬浮剂噻唑膦,100～125 g/667 m^2土壤施入	25	
心叶生长期	蚜虫	2%苦参碱水剂800倍喷雾;5 d 1次,连续2次	2	
		黄板诱杀,30块/棚		
	斑潜蝇	10%灭蝇胺水剂1 000倍喷雾;10 d 1次,连续2次	5	初见虫道时用药
	蓟马	5%鱼藤酮乙醇制剂400倍喷雾;5 d 1次,连续2次	2	
		释放捕食螨,加州新小绥螨或/和巴氏新小绥螨,100～200头/m^2	无	
		蓝板或诱集黄板诱杀,30块/棚	无	
	叶螨	释放捕食螨,加州新小绥螨或巴氏新小绥螨,50～100头/m^2	无	
	蛞蝓	6%四聚乙醛颗粒剂,400～544 g/667 m^2,啤酒诱杀	10	禁止放在植株上
	斑枯病	10%苯醚甲环唑水分散粒剂1 000倍喷雾;7 d 1次,连续2次		
	叶斑病	25%嘧菌酯悬浮剂2 500倍液喷雾;7 d 1次,连续2次	2	

续表

生育期	病虫种类	防 治 方 法	安全间隔期(d)	备注
	菌核病	40%菌核净可湿性粉剂 1 000 倍喷淋施药	7	
	灰霉病	1 亿孢子/g 木霉菌素水分散粒剂 1 000 倍液喷淋施药	2	
	根腐病	70%甲基硫菌灵可湿性粉剂 1 500 倍液灌根施药，每隔 7 d 施药 1 次，可施药 2 次。		
	软腐病	于发病前，使用 100 亿活孢子/g 枯草芽孢杆菌可湿性粉剂 1 000 倍液，茎基部喷淋或灌根施药，每隔 7 d 施药 1 次，连续施药 2 次。		

第三章　化学药剂介绍

一、天然除虫菊素

天然除虫菊素是由菊花中分离萃取的具有杀虫效果的活性成分,除虫菊素具有麻痹昆虫中枢神经作用,为触杀性杀虫剂。其优点在于:对哺乳动物低毒;高效广谱性;触杀作用强。

注意:除虫菊素见光易分解,喷洒时间最好选在傍晚进行;除虫菊素不能与石硫合剂、波尔多液、松脂合剂等碱性农药混用;商品制剂需在密闭容器中保存,避免高温、潮湿和阳光直射;除虫菊是强力触杀性药剂,施药时药剂一定要接触虫体才有效,否则效果不好。

二、苦参碱

苦参碱是由豆科植物苦参的干燥根、植株、果实经乙醇等有机溶剂提取制成的,是生物碱。其优点在于:天然植物性农药,对人畜低毒,是广谱杀虫剂,具有触杀和胃毒作用。

其对蔬菜刺吸式口器昆虫蚜虫、鳞翅目昆虫菜青虫、小菜蛾,以及白粉虱等都具有理想的防效。另外对蔬菜霜霉、疫病、炭疽病也有很好的防效。

三、溴虫腈

溴虫腈是一种新型杂环类杀虫、杀螨、杀线虫剂。其对钻蛀、刺吸和咀嚼式害虫及螨类有优良的防效。打药后害虫活动变弱，出现斑点，颜色发生变化，活动停止，昏迷，瘫软，最终导致死亡。

注意：①其对鱼和蜜蜂毒性较高，使用时应注意防护；②除尽具有长持效控制害虫种群的特点，为达最佳防效推荐在卵孵盛期或在低龄幼虫发育初期使用；③除尽具有胃毒和触杀的双重作用，施药时要均匀的将药液喷到叶面害虫取食部位或虫体上；④除尽不宜与其他杀虫剂混用，提倡与其他不同作用机制的杀虫剂交替使用，如卡死克等，每季作物建议使用次数不超过 2 次；⑤傍晚施药更有利药效发挥。

四、烯酰锰锌可湿性粉剂

烯酰·锰锌是烯酰吗琳与代森锰锌复配的杀菌剂，专用于防治卵菌病害。如晚疫病、霜霉病、霜疫霉病、疫腐病、疫霉病、腐霉病、黑胫病等。

注意：喷药应均匀、周到，特别注意植株下部和内部叶片，使叶片背面一定着药。与含甲霜灵等苯胺类成分的药剂交替使用，可以延缓病菌产生抗药性。

五、灭蝇胺

灭蝇胺是一种昆虫生长调节剂类低毒杀虫剂，有非常强的选择性，主要对双翅目昆虫有活性。其作用机理是使双翅目昆虫幼虫和蛹在形态上发生畸变，成虫羽化不全或受抑制。该药具有触杀和胃毒作用，并有强内吸传导性，持效期较长，但作用速度较慢。灭蝇胺对人、畜无毒副作用，对环境安全。

注意：不能与碱性药剂混用。注意与不同作用机理的药剂交替使用，以减缓害虫抗药性的产生。喷药时，若在药液中混加 0.03%的有机硅或 0.1%的中性洗衣粉，可显著提高药剂防效。制剂应存放于阴凉、干燥处。

六、氟虫脲

氟虫脲是昆虫生长调节剂，主要用于防治苹果、柑橘等果树及蔬菜、棉花等植物上的害虫、害螨，对叶螨类、锈螨类（锈蜘蛛）、潜叶蛾、小菜蛾、菜青虫、棉铃虫、食心虫类、夜蛾类及蝗虫类等害虫均具有很好的防治效果。

注意：不宜和碱性药剂混用，可以间隔开施药。先喷氟虫脲时，10 d 后再喷波尔多液防病；如果先喷波尔多液后再喷氟虫脲，则间隔期要适当延长。

七、甲氧虫酰肼

甲氧虫酰肼为昆虫生长调节剂的一种，主要是干扰昆虫的正常生长发育，即使昆虫蜕皮而死，并能抑制摄食。本品水防治对象选择性强，只对鳞翅目幼虫有效。其主要用于防治鳞翅目害虫的幼虫，如甜菜夜蛾、甘蓝夜蛾、斜纹夜蛾、菜青虫、棉铃虫、金纹细蛾、美国白蛾、松毛虫、尺蠖及水稻螟虫等，适用作物如十字花科蔬菜、茄果类蔬菜、瓜类、棉花、苹果、桃、水稻、林木等。

注意：①施药时期掌握在卵孵化盛期或害虫发生初期。②为防止抗药性产生，害虫多代重复发生时建议与其他作用机理不同的药剂交替使用。③对鱼类毒性中等。

八、菌核净

菌核净强效杀菌剂，它具有广谱、杀菌、非内吸保护性杀菌剂，持效期长等特点。

注意：①不要与强碱性药物混用；②要与不同作用机制的药剂交替使用。

九、印楝油

印楝树的种子、树叶及树皮中，含有一种物质：印楝素，正是由于它的存在，使印楝树具有趋虫治病的神奇功能。从印楝果实中提取的印楝素等成分是目前世界公认的广谱、高效、低毒、易降解、无残留的杀虫剂且没有抗药性，对几乎所有植物害虫都具有驱杀效果，而对人畜和周围环境无任何污染。

十、鱼藤酮

鱼藤酮是一种杀虫剂，其优点在于：①专属性强，杀虫迅速；对昆虫尤其是蚜虫、蓟马和跳甲有很强的杀除作用，对菜粉蝶幼虫、小菜蛾等幼虫有强烈的触杀和胃毒作用。②持效期长；鱼藤酮的杀虫持效期长，在 10 d 左右。③见光易分解，残留极少；在叶子外表的药液见光极易分解，不会污染环境，施药间隔期 3 d。④对环境、人畜安全。鱼藤酮除对水生动物有害外，对其他人畜安全，不会污染环境。防治对象：蚜虫、黄条跳甲、蓟马、黄守瓜、猿叶虫、菜青虫等。

注意：鱼藤酮不能与碱性药剂混用。本剂对家畜、鱼类和家蚕高毒，施药时要避免药液飘移到附近水池及桑树上。易分解，应随配随用；应贮存于阴凉、黑暗处，避免高温、曝光，远离火源。十字花科蔬菜的安全采收间隔期为 3 d。

十一、噻唑膦

噻唑膦用途：有机磷杀线虫剂。主要用于防治线虫、蚜虫等。在中国已取得了在黄瓜，番茄，西瓜上的登记，可广泛应用于蔬菜，香蕉，果树，药材等作物。

特点：福气多具有触杀和内吸作用，毒性较低，符合农产品出口标准，对根结线虫、根腐（短体）线虫、胞囊线虫、茎线虫等有特效。

十二、腐霉利

腐霉利属于低毒性杀菌剂，其为内吸性杀真菌剂，对葡萄孢属和核盘菌属真菌有特效，能防治园艺作物的灰霉病、菌核病，对苯丙咪唑产生抗性的真菌亦有效。使用后保护效果好、持效期长，能阻止病斑发展蔓延。在作物发病前或发病初期使用，可取得满意效果。

注意：①该药剂容易产生抗药性，不可连续使用，最好与其他杀菌剂配合使用，能够明显增加药效、减少抗药性，药剂要现配现用，不要长时间放置。②不要与强碱性药物如波尔多液、石硫合剂混用，也不要与有机磷农药混配。③防治病害应尽早用药，最好在发病前或发病初期。④药剂应存放在阴暗、干燥通风处。若不慎皮肤沾染药液，或者眼睛溅入药液，应该立即用大量清水冲洗；误服后要立即送医院洗胃，按照医生医嘱治疗。

十三、叶枯唑

主要用来防治植物细菌性病害，对园艺作物细菌性病害、水稻白叶枯病和细菌性条斑病、柑橘溃疡病有较好的防治效果。其为内吸杀菌剂，具有治疗和预防作用。抗雨水冲刷，喷药后 4 h 遇雨对药效无影响。

十四、恶霉灵

新一代新型农药杀菌剂内吸性杀菌剂、土壤消毒剂绿色、环保、低毒、无公害产品适合作物：果树、蔬菜、小麦、棉花、水稻、豆类、瓜类等。

注意：①使用时须遵守农药使用防护规则。用于拌种时，要严格掌握药剂用量，拌后随即晾干，不可闷种，防止出现药害。②宜无风晴朗天气喷施，喷后 4 h 遇雨不需补喷。③如有误服，饮大量温水催吐，洗胃，并携带本标签立即就医。④本品可与一般农药混用，并相互增效

十五、异菌脲

异菌脲属低毒，高效广谱、触杀型杀菌剂。适用于防治多种果树、蔬菜、瓜果类等作物叶斑病、灰霉病、早疫病等病害。

注意：①不能与腐霉利、菌核净、乙烯菌核利等作用方式相同的杀菌剂混用或轮用。②不能与强碱性或强酸性的药剂混用。③为预防抗性菌株的产生，作物全生育期的施用次数要控制在 3 次以内，在病害发生初期和高峰前使用，可获得最佳效果。

十六、乙基多杀菌素

主要用于防治鳞翅目幼虫、蓟马和潜叶蝇等，对小菜蛾、甜菜夜蛾、潜叶蝇、蓟马、斜纹夜蛾、豆荚螟有好的防治效果。

特点:①杀虫谱更广,高效防治鳞翅目幼虫、蓟马和潜叶蝇。②速效性更好,几分钟至数小时见效。③持效期更长,持效期较菜喜更长。④耐雨水冲刷。⑤无药害对人及哺乳动物低毒,无慢性毒性。

注意:蓟马易产生抗性,与其他农药交替使用。

十七、嘧菌酯

该产品是甲氧基丙烯酸酯类杀菌剂,高效、广谱,对霜霉病、白粉病、锈病、颖枯病、网斑病、稻瘟病、园艺作物叶斑病等均有良好的活性。主要用于谷物、水稻、花生、葡萄、马铃薯、果树、蔬菜、咖啡、草坪等。

十八、农用链霉素

链霉素是一种抗生素类药剂,为放线菌所产生的代谢产物,杀菌谱广,特别是对多种细菌性病害效果较好(对真菌也有一定防治作用),具有内吸作用,能渗透到植物体内,并传导到其他部位。对人、畜低毒,对鱼类及水生生物毒性亦很小。

十九、苯醚甲环唑

苯醚甲环唑属于内吸性杀菌。杀菌谱广,应用于果树、蔬菜等作物,有效防治叶斑病、斑枯病、靶斑病、黑星病,黑痘病、白腐病、斑点落叶病、白粉病、锈病、条锈病、赤霉病等。

二十、可杀得

可杀得(cocide),为铜制剂,低毒,药液配兑后稳定,喷洒后粘附性强,耐雨水冲刷,能够稳定地缓慢释放出杀菌成分 Cu^{2+},对人畜较安全。

注意:①蔬菜苗期采用安全浓度喷药防病,应慎用或不用。可与非强碱或强酸性农药谨慎混用。②用药的时间最好在发病前及发病初期,如果病害发生较重再用药,则需增加喷药次数,效果也不很理想。可杀得要避免与强酸、强碱性农药混用,若与其他农药混用可先做试验再推广。在苹果、梨开花期、幼果期严禁用此药,桃、李等对铜敏感的作物禁止使用此药。可杀得虽属低毒农药,但在应用过程中要遵循一般农药使用规则,操作人员要做好防护。药剂应贮存在阴凉干燥通风处,有效期 2 年。

第四章　芹菜产品安全和质量控制

第一节　禁止使用农药清单（含无公害、绿色和有机产品）

一、国家明令禁止使用的农药

蔬菜生产（含无公害、绿色和有机产品）中，国家禁止使用药剂见表5-1：

表5-1　禁止在任何作物上使用的药剂种类

序号	农药中文通用名称	农药应用通用名称
01	六六六	HCH
02	滴滴涕	DDT
03	毒杀芬	camphechlor
04	二溴氯丙烷	dibromochloropane
05	杀虫脒	chlordimeform
06	二溴乙烷	EDB
07	除草醚	nitrofen
08	艾氏剂	aldrin

续表 5-1

序号	农药中文通用名称	农药应用通用名称
09	狄氏剂	dieldrin
10	汞制剂	Mercurycompounds
11	砷	arsena
12	铅	acetate
13	敌枯双	
14	氟乙酰胺	fluoroacetamide
15	甘氟	gliftor
16	毒鼠强	tetramine
17	毒鼠硅	silatrane
18	氟乙酸钠	sodiumfluoroacetate

资料来源:农业部 2002 年 199 号公告。

二、无公害蔬菜生产中禁止使用的农药

无公害蔬菜生产禁止使用的药剂种类见表 5-2:

表 5-2 无公害蔬菜生产中禁止使用的药剂种类

序号	农药中文通用名称	农药应用通用名称
01	甲胺磷	methamidophos
02	甲基对硫磷	parathion-methyl
03	对硫磷	parathion
04	久效磷	monocrotophos
05	磷胺	phosphamidon
06	甲拌磷	phorate

续表 5-2

序号	农药中文通用名称	农药应用通用名称
07	甲基异柳磷	Isofenphos-methyl
08	特丁硫磷	terbufos
09	甲基硫环磷	phosfolan-methyl
10	治螟磷	sulfotep
11	内吸磷	demeton
12	克百威	carbofuran
13	涕灭威	aldicarb
14	灭线磷	ethoprophos
15	硫环磷	phosfolan
16	蝇毒磷	coumaphos
17	地虫硫磷	fonofos
18	氯唑磷	isazofos
19	苯线磷	fenamiphos

注:资料来源,农业部无公害农产品标准。

三、绿色食品蔬菜生产中不得使用的农药

生产A级绿色食品蔬菜生产禁止使用的药剂种类见表5-3:

表5-3　生产A级绿色食品禁止使用的药剂种类(NY/T 393—2000)

种类	农药名称	禁用作物	禁用原因
有机氯杀虫剂	滴滴涕、六六六、林丹、甲氧高残毒、DDT、硫丹	所有作物	高残毒
有机氯杀螨剂	三氯杀螨醇	蔬菜、果树、茶叶	工业品中含有一定数量的滴滴涕

续表 5-3

种类	农药名称	禁用作物	禁用原因
有机磷杀虫剂	甲拌磷、乙拌磷、久效磷、对硫磷、甲基对硫磷、甲胺磷、甲基异柳磷、治螟磷、氧化乐果、磷胺、地虫硫磷、灭克磷(益收宝)、水胺硫磷、氯唑磷、硫线磷、杀扑磷、特丁硫磷、克线丹、苯线磷、甲基硫环磷	所有作物	剧毒高毒
氨基甲酸酯杀虫剂	涕灭威、克百威、灭多威、丁硫克百威、丙硫克百感	所有作物	高毒、剧毒或代谢物高毒
二甲基甲味类杀虫杀螨剂	杀虫脒	所有作物	慢性毒性、致癌
拟除虫菊酯类杀虫剂	所有拟除虫菊酯类杀虫剂	水稻及其他水生作物	对水生生物毒性大
卤代烷类熏蒸杀虫剂	二溴乙烷、环氧乙烷二溴氯丙烷、溴甲烷	所有作物	致癌、致畸、高毒
阿维菌素		蔬菜,果树	高毒
克螨特		蔬菜,果树	慢性毒性
有机砷杀菌剂	甲基胂酸锌(稻脚青)、甲基胂酸钙胂(稻宁)、甲基胂酸铵(田安)、美甲胂、福美胂	所有作物	高残毒
有机锡杀菌剂	三苯基醋酸锡(薯瘟锡)、三苯基氯化锡、三苯基羟基锡(毒菌锡)	所有作物	高残留、慢性毒性
有机汞杀菌剂	氯化乙基汞(西力生)、醋酸苯(赛力散)	所有作物	剧毒、高残毒
有机磷杀菌剂	稻瘟净、异稻瘟净	水稻	异臭
取代苯类杀菌剂	五氯硝基苯、稻瘟醇(五氯苯甲醇)	所有作物	致癌,高残留
二、四-D类化合物	除草剂或植物生长调节剂	所有作物	杂质致癌

续表 5-3

种类	农药名称	禁用作物	禁用原因
二苯醚类除草剂	除草醚、草枯醚	所有作物	慢性毒性
植物生长调节剂	有机合成的植物生长调节剂	所有作物	
除草剂	各类除草剂	蔬菜生长期（可用于土壤处理与芽前处理）	

注：资料来源，绿色食品农药使用准则。

四、有机蔬菜生产中禁止使用的药剂

根据 GB 19630—2011 规定，在有机蔬菜生产中禁止使用任何人工合成的化学农药，农药使用仅限于来源于生物的或天然的矿物质。

第二节　农药安全使用技术要点

一、合理选择农药

1. 根据防治对象合理选择农药品种

农药种类较多，应根据病虫害种类选择合适农药，如在芹菜中主要害虫有斑潜蝇、蚜虫等，斑潜蝇是一种潜叶危害的害虫，防治的时候应选择渗透好、内吸性强的药剂，如 10%灭蝇胺水剂 1 000 倍喷雾；蚜虫是刺吸式口器害虫，应选择内吸性

好的药剂，如吡虫啉。

2. 杀菌剂也要选择合适的品种

如防治叶部的真菌性病害可选用多菌灵、甲基托布津等农药，防治霜霉病则应选择烯酰吗啉等对卵菌敏感的农药。

3. 提倡使用生物农药

如氟虫脲、枯草芽孢杆菌等。

二、准确使用农药

1. 交替使用农药

农药的使用原则是不要长期使用同一种药剂防治同一种病虫害，而应交替使用作用机制不同但防治对象相似的农药，避免病虫害产生抗药性，以延长新农药的使用寿命的效果。比如防治芹菜上的斑潜蝇可以分别使用高效氯氟氰菊酯、灭蝇胺。

2. 选择合适时期使用农药

合适的时间施用农药是有效控制病虫发生、保护有益生物、避免农药残留的重要途径，要注意做好田间观察记录，以掌握病虫动态。

3. 确定防治适期

依据主要有：掌握害虫盛发期和在对杀伤害虫最有利的虫龄阶段进行防治；病虫易侵染、为害的生育期；非天敌敏感期。

4.安全间隔

即在收获前一定间隔时间内禁止用药,这一点应特别注意。例如:嘧菌酯使用的安全间隔期是 3 d,即在收获前 3 d 不得使用。

三、安全使用农药

(1)配药时须戴胶皮手套,用量要严格按规定剂量称量,严禁用手拌药。

(2)药剂拌种时要用工具,随用随拌,手撒或点播药种时要戴防护手套,剩余毒种应及时销毁。

(3)配药、拌种地点应远离水源和居住地。

(4)使用手动喷雾器时要隔行喷,桶中药液不能装得过满,大风及高温时不喷药。

(5)喷药后及时清洗喷雾器及盛过农药的包装物。

第三节 叶类蔬菜微生物污染和预防

新鲜叶类蔬菜易受许多微生物病原体污染,其中主要包括:致病性大肠杆菌、沙门菌、空肠弯曲杆菌、志贺氏菌、假结核耶尔森菌以及单核细胞增生李斯特菌等。感染叶类蔬菜的微生物病原菌和污染物主要来自土壤、水源、肥料、动物、生产者和生产用具。目前还没有完全消除或灭活目标微生物病原菌而不破坏新鲜绿叶蔬菜的手段，切实可行的方法是尽可能防止微生物病原菌对叶类蔬菜的污染。

一、常见的食源性致病微生物

1.致病性大肠杆菌

普通大肠杆菌是存在人和动物肠道内的正常微生物，对人体无害。但有些特殊血清型的大肠杆菌可以导致严重的腹泻和败血症，被称之为致病性大肠杆菌，如大肠杆菌 O157：H7 可引起腹痛、腹泻、出血性结肠炎，严重时导致溶血性尿毒综合症，可致死。致病性大肠杆菌在环境中广泛存在，常见叶类蔬菜易于污染，如生菜等。

2.沙门菌

沙门菌是导致食源性疾病（食物中毒）最多的一类致病性细菌，目前已发现 2 300 多种血清型，其中引起人类食物中毒的主要有：伤寒沙门菌、猪霍乱沙门菌、肠炎沙门菌等。沙门菌随食物进入消化道，可在小肠、结肠内继续繁殖，并在肠毒素与内毒素参与下，引起肠黏膜充血、水肿、组织炎症，主要症状为急性肠胃炎，如呕吐、腹泻，伴有头痛、发热，严重者出现寒战、抽搐和昏迷。

引起沙门菌食物中毒的食品以动物源性食品为主，但近年与蔬菜相关的报到也在增多。

3. 李斯特菌

李斯特菌中只有单核细胞增生李斯特菌可引起人类食物中毒。该菌产生溶血素，能够破坏红细胞和人体吞噬细胞。初发症状为恶心、呕吐、头痛、发烧，类似感冒，严重引起脑膜炎和败血病。

李斯特菌存在于冷冻食品、乳制品、水果和蔬菜中。

4. 志贺菌

志贺菌是一类引起细菌性痢疾的致病菌，其致病物质主要是内毒素，有的菌株也产生外毒素。

内毒素：作用于肠黏膜，使其通透性增高，促进对内毒素的吸收，引起发热，神志障碍等；破坏肠黏膜，形成炎症，溃疡，呈现典型的脓血粘液便。内毒素还能作用于肠壁植物神经系统，引发肠功能紊乱，肠蠕动失调和痉挛。尤其是直肠括约肌痉挛最明显，因而出现腹痛等症状。

外毒素：有些志贺菌还能产生外毒素，称志贺毒素，可使蛋白质合成中断。

生吃不净的水果、蔬菜是志贺菌传播的重要途径之一。

二、叶类蔬菜污染致病微生物主要途径

(1)灌溉及其他生产和收获过程中用水带来的污染。

(2)来自于肥料和其他农业生产投入品的污染。

(3)生产人员带入致病菌。

(4)生产用具发生交叉污染带入致病菌。

(5)家养和野生动物带入致病菌。

(6)收获过程极易污染。

(7)储存、运输过程发生的污染。

三、防止污染的主要手段

1.防止来源于水的污染

(1)保证灌溉用水符合微生物卫生指标的标准(GB 5084—2005,粪大肠菌≤10 000 个/L)。

(2)降低土地中可能会污染水或蔬菜可食用部分的微生物病原菌(例如,日晒、熏蒸等)。

(3)灌溉方式(滴灌、喷灌、漫灌、沟灌等)选择时,应考虑宜使水不直接接触叶类蔬菜可食部分。

(4)灌溉用水的储存环境不能被人和动物粪便污染。

(5)尽量不要使用再生水。

(6)储存和使用浇灌管道和滴灌管时,应减少害虫等昆虫对管道的污染。

(7)水源应定期由相关部门进行测试,以判断是否符合相关卫生的标准。

(8)应在蔬菜收获 7 d 前停止用水。

(9)直接用于新鲜绿叶蔬菜可食部分的用水,特别接近收获期时,应符合饮用水标准(GB 5749)。生菜由于可生食,应尤为注意。

2.控制来自肥料等土壤改良剂的微生物污染

(1)确保肥料的使用不会造成微生物病原菌的潜在危害。(例如,定时使用、安全存放、肥料来源、质量检测、运输等)。

(2)禁止在叶类蔬菜中使用未经处理的粪便肥料。

(3)确保堆肥过程中时间和温度的控制(60℃左右,10 d),以减少人类病原菌对堆肥的潜在威胁。

(4)确定停止使用肥料等土壤改良剂到收获期的时间间隔。

(5)防止堆肥过程对叶类蔬菜的污染。

(6)最大限度的减少风吹或雾化导致的污染源(例如水或有机堆肥)接触叶类蔬菜。

(7)禁止接触肥料的设备、用具接触叶类蔬菜。

3.防止收获过程带来的污染

(1)减少或消除微生物病原体在机械收割设备表面的存在。

(2)收割或切割设备应在使用前彻底清洗和消毒,切削刃应该保持光滑和锋利。

(3)将收割设备清洁、卫生运作与其他设备分开以减少交叉感染。

(4)实行在良好农业规范(GAP)中列出的适宜的预防性措施,以减少、控制或根除潜在的由人员在收割工程中造成污染。

(5)禁止在接近未收割产品的区域进食、饮水或抽烟，以降低污染隐患。

(6)定期维修、消毒收割用具。

(7)与产品的接触面都应有严格的卫生和消毒措施(例如，禁止触摸刀刃等直接切割部分)。

(8)最大限度去掉叶类蔬菜腐败部分，降低微生物病原菌的存在风险。

(9)手工收割时，应保持个人卫生；包装袋或箱不宜过满，以避免码放、搬运等过程中生产污染物的转移。

4.防止贮存和运输过程中污染

(1)叶类蔬菜的存储、运输应使用不同的冷却和冷藏设施，各种设施的使用应有各自的卫生标准操作程序，以避免新的污染。

(2)运输车应当清洁、卫生。叶类蔬菜不应使用携带过动物粪便或有机固体残余物的车辆，以免造成严重的交叉污染。

(3)叶类蔬菜是易腐产品，应该谨慎处理。机械破坏会影响产品的质量，也会增加微生物污染风险。损坏的产品应该被丢弃。

(4)应保持最佳温度(1～5℃)，在整个供应链中，应尽量缩短暴露于温度较高环境的时间，以有效限制微生物增殖。

5.做好清洁和卫生

(1)简单使用的容器如纸箱等应避免重复利用。

(2)直接接触蔬菜的收获容器应专用。

(3)容器应覆盖和存储在合适的地点，以防止可能的污染（例如，害虫、鸟、啮齿动物、灰尘、水等）。

(4)直接接触土壤的容器不应堆放，以防止土壤和废弃物污染叶类蔬菜。

(5)设备在不用时，应妥善保管。

(6)收获设备，包括简单手持设备（如刀等），直接接触新鲜的绿叶蔬菜，应该每日清洗和消毒。

(7)应使用干净的水清洗所有直接接触新鲜的绿叶蔬菜的设备，包括机械以及收获、运输设备和容器等。

(8)生产者应保持个人健康和卫生。

第四节　芹菜的重金属污染和规避措施

蔬菜能够提供人体所必需的多种维生素、矿物质、膳食纤维等营养，还含有丰富的植物化学物质，是人类摄取营养的重要来源。叶类蔬菜包在膳食结构中占有很大比例，随着全球工业化生产的飞速发展，环境污染日益加重，蔬菜产品也受到不同程度的危害，其中重金属污染是影响蔬菜生长和人类健康的重要因素之一。相比蔬菜农残超标引起人体的直接伤害，重金属因具有隐蔽性、不可逆性和长期性等特点，一般不会造成人体急性中毒，但其可以在植物根、茎、叶及籽粒中的大量积累并最终通过食物链在人体中累积，从而危害人们的身体健康。

一、叶类蔬菜重金属污染来源

1.重金属定义

重金属是指密度在 5×10^3 kg/m^3 以上的金属，如金(An)、银(Ag)、汞(Hg)、铜(Cu)、铅(Pb)、镉(Cd)、铬(Cr)等。有些重金属通过食物进入人体，干扰人体正常生理功能，危害人体健康，被称为有毒重金属，这类金属元素主要有：汞、镉、铬、铅、砷、锌、锡等。其中，砷属于非金属元素，但根据其化学性质，又鉴于其毒性，一般将其列在有毒重金属元素中。根据这些重金属元素对人类的危害程度，又将它们区分为中等毒性(Cu、Sn、Zn 等)和强毒性元素(Hg、As、Cd、Pb、Cr 等)。

蔬菜中的有毒重金属元素，一部分来自于农作物对重金属元素的富集，另一部分则来自于蔬菜生产加工、贮藏运输过程中出现的污染。重金属元素可通过食物链经生物富集，浓度可提高千万倍，最后进入人体造成危害。进入人体的重金属要经过一段时间的积累才显示出毒性，往往不易被人们所察觉，具有很大的潜在危害性。

2.重金属对人体的危害

蔬菜中积累的重金属可通过食物链进入人体而给人们健康带来潜在危害。在这几种有毒重金属中，铅对人体的危害最大，其次是砷和汞。铅对人体各系统均有毒害作用，主要病变在神经系统、造血系统和血管方面。神经系统方面，早期可出现高级神经机能障碍，晚期则可造成器质性脑病及神经麻痹。对造血系统的危害主要是铅干扰血红素的合成而造成贫血。铅对儿童的生长发育影响极大，幼儿大脑对铅污染更为敏感，严重影响儿童的智力发育和行为，当儿童血液中铅的含量超过 0.6 μg/mL 时，就会出现智能发育障碍和行为异常。

砷在环境中由于受到化学作用和微生物作用，大都以无机砷和烷基砷的形态存在。不同形态的砷，其毒性差异很大。三价砷化合物的毒性大于五价砷化合物，砷化氢和三氧化二砷(俗称砒霜)毒性最大。口服三氧化二砷 5～50 mg 即可中毒，60～100 mg 即可致死。长期接触砷，会引起细胞中毒，有时会诱发恶性肿瘤，无机砷是皮肤癌与肺癌的致癌物质。砷还能透过胎盘损害胎儿。

汞通过食物链的传递在人体蓄积，蓄积于体内最多的部位为骨髓、肾、肝、脑、肺、心等。汞对人体的神经系统、肾、肝脏等可产生不可逆的损害。汞对组织有腐蚀作用，与蛋白质结合，形成疏松的蛋白化合物。汞元素在世界的某些地方，已成为大众健康的公害。汞在我国蔬菜中的检出率较高，应引起足够重视。

镉进入体内可损害血管，导致组织缺血，引起多系统损伤；镉还可干扰铜、钴、锌等微量元素的代谢，阻碍肠道吸收铁，并能抑制血红蛋白的合成，还能抑制肺泡巨噬细胞的氧化磷酰化代谢过程，从而引起肺、肾、肝的损害。镉是人体非必需且有毒元素，可能具有致癌、致畸和致突变作用，特别是20世纪60年代研究人员提出了镉污染与日本“痛痛病”的因果关系后，环境镉污染与公众健康的关系日益受到人们的关注。

3.叶类蔬菜重金属污染的原因

叶类蔬菜是最易“吸收”重金属元素的农作物。蔬菜重金属含量超标主要是产地环境，特别是土壤污染所致。由于蔬菜产地大多在城市郊区，而城市郊区又是城市环境污染的主要影响地区。未经处理的工业废水、废气、废渣的排放，是汞、镉、铅、砷等重金属元素及其化合物对食品造成污染的主要渠道。大气中的重金属主要来源于能源、运输、冶金和建筑材料生产所产生的气体和粉尘。除汞以外，重金属基本上是以气溶胶的形态进入大气，经过自然沉降和降水进入土壤。农作物通过根系从土壤中吸收并富集重金属，也可通过叶片从大气中吸收气态或尘态铅和汞等重金属元素。据研究，蔬菜中Pb含量过高与汽车尾气中Pb污染有很大的关系。

农业中施用的农药和化肥是造成食品重金属污染的另一渠道。磷肥含有镉，其施用面广而且量大，可造成土壤、作物和食品的严重污染。长期使用含Pb、Cd、Cu、Zn的农药、化肥，如磷矿粉、波尔多液、代森锰锌等，也将导致土壤中重金属元素的积累。有机汞农药含苯基汞和烷氧基汞，在体内易分解成无机汞化合物。目前我国已禁止生产、进口和使用有机汞农药，除拌种常用的醋酸苯汞、氯化乙基汞外，各国都已禁止使用有机汞农药。但民间剩余的农药，仍有间断使用的现象，应引起重视。

二、叶类蔬菜对重金属的吸收富集规律

目前蔬菜中重金属的含量已经受到人们广泛的重视。由于植物生长特性及遗传特性的不同，不同的作物对土壤重金属的吸收、富集具有显著的差异性。利用作物对土壤污染元素不同富集特性有选择地栽培作物，可以减少作物对土壤重金属的吸收富集。植物对重金属的吸收与土壤的重金属含量、理化性质以及重金属在土壤内的储存形态、植物的类型、生长周期及大气环境质量等因素密切相关。因此，不同的学者对不同的区域蔬菜中重金属元素富集能力的研究结果往往存在一定的差异。

1. 蔬菜不同种类、品种对重金属的富集吸收差异

蔬菜对重金属的吸收富集能力存在着种间差异。大量研究表明：叶类蔬菜对重金属的吸收富集能力最强，根茎类次之，瓜果类最弱。叶菜类蔬菜的 Cd 和 Pb 含量较高，根茎类蔬菜的 Zn 含量较高。在相同条件下，不同蔬菜种类对不同重金属污染物吸收的绝对量差异明显，如叶菜类蔬菜，芹菜生长周期较长，相比其他叶类蔬菜容易富集重金属。以 Cd 为例，含量一般来说，芹菜＞生菜＞油菜＞菠菜＞快菜。

同种蔬菜的不同品种对重金属的吸收效应也有所不同。不同种类的蔬菜因遗传学、形态学和解剖学特征或离子运输机制的生理学特性不同，对土壤 Cd、Pb、Zn 等污染元素的吸

收效应存在一定的差异。一般来说，对于同一种蔬菜来说，富集元素的规律是 Cd＞Zn、Cu＞Pb、Cr。

2. 蔬菜不同部位对重金属的富集吸收差异

蔬菜作物中的重金属元素主要来自于土壤。重金属被植株的根吸收后，首先在根中积累，然后有一部分被转运到植株的其他部位。因而不同部位对重金属的积累量不同。通常植株的地下部大大高于地上部。同一蔬菜不同部位重金属含量差异较大。在测定的蔬菜中，空心菜叶片和根中 Cr 的含量相近，但高于茎秆，Pb 的含量为根＞茎秆＞叶片，Cd、As 和 Hg 的含量为叶片＞根＞茎秆；白菜中 Pb、Cr、Cd、As 和 Hg 的含量均为叶片＞茎秆。大白菜根中 Cu、Zn、Cd 含量明显大于叶片中含量，其中 Cu 含量是叶片中的 6 倍，Zn 含量是叶片中的 2 倍。南瓜根中的 As、Pb、Hg 所占比例分别达到 87.3 %、84.1%和 78.7%，均高于叶片中的含量。但也有些蔬菜作物叶片中的重金属含量远远大于根中的含量。如 Pb 和 As 在萝卜叶片中具有明显的富集优势，其 Pb 和 As 的平均含量是根中的 10 倍。辣椒不同部位对 Cd 的吸收累积量由低到高依次为：果实＜茎＜根＜叶，表明辣椒对 Cd 的吸收主要集中在叶片中。

3. 不同土壤中蔬菜对重金属元素的富集吸收差异

(1)不同土壤类型对蔬菜重金属累积的差异。蔬菜中重金属元素含量首先取决于蔬菜种类，其次是蔬菜生长的环境因素，尤其是土壤因素。城郊区、近郊区蔬菜重金属元素含量异常主要是由土壤环境因素引起的。不同的土壤类型，其有机质含量、孔隙度、酸碱度、CEC、酶活性等理化特性不同，直接影响重金属在土壤中的迁移和固定，从而影响蔬菜对其吸收与富集。

(2)蔬菜中重金属含量与土壤中重金属含量的相关性。土壤中 Pb、Cd、Cr、Cu、Zn、Mn 等各种重金属均以有效态和结合态两种形式存在。其中有效态重金属能够直接被蔬菜作物吸收，而结合态则不能。为了比较土壤中不同蔬菜对重金属的吸收积累，引入了富集系数来衡量不同蔬菜对重金属吸收能力的差异：富集系数＝蔬菜可食用部分重金属含量/土壤重金属含量。

白菜中重金属元素累积量与土壤中重金属元素有效态百分率相一致，相关系数 $r=0.9637$($P<0.01$)。蔬菜吸收重金属元素，除受元素有效性的影响外，还受土壤理化特性、大气污染等其他诸多因素的影响。

三、防治对策

1. 合理布局蔬菜种植

不同蔬菜对重金属富集能力存在明显差异，如白菜、韭菜等对土壤 Hg 比较敏感，菠菜等对土壤 As 比较敏感，因此，生产上应根据不同蔬菜种类、品种间存在的对重金属富集的基因型的差异特性，以及当地居民对蔬菜习惯性消费结构、产地环境质量、生产技术水平等因素，有针对性地筛选或选育耐、抗重金属污染的蔬菜类型品种。

2.选择适合蔬菜生产的环境

对蔬菜基地的选址应进行环境质量调查和评价，选择土壤、水体、大气等主要环境因素中各类重金属含量综合指标较好的地域作为生产基地。首先蔬菜产地应远离工厂、矿区、医院、生活区、交通主干线、垃圾场。其次拟选地区的大气、水、土壤等环境要素的相关污染物检测值不超出国家有关规定标准。对较低污染的土壤，经改良治理后，只要产出蔬菜的重金属含量不超标，也可考虑予以利用。

3.施用土壤改良剂、有机肥等，抑制蔬菜对重金属的吸收

(1)通过施用改良剂、钝化剂等降低土壤污染物的水溶性、扩散性和生物有效性，降低污染物进入生物链的能力。

(2)大量施用有机肥料，提高土壤有机质的含量添加不同的农作物料(如秸秆、木屑)，有机肥料能提高土壤的有机质含量，增强土壤对重金属的吸附能力，从而降低蔬菜作物对重金属的吸收与富集量。

(3)提高土壤的pH，降低重金属离子的活性。针对南方酸性土壤，可通过向土壤中添加煤渣灰、$CaCO_3$、$Ca(H_2PO_4)_2$等碱性物质来实现提高土壤pH的目的。提高土壤pH，对减弱蔬菜累积重金属的效果明显。

4. 采取作物合理轮、间作，控制重金属污染

合理的轮作或间作，利用植物间的化感作用，能达到净化土壤的效果。污染菜田可能被继续用作农田种植蔬菜，根据蔬菜种类较多，各种蔬菜的重金属富集强弱不一的特点，合理安排蔬菜轮作茬口，使生产的蔬菜达到或接近食用卫生标准，降低重金属进入食物链的量。

5. 重金属污染生物修复

目前，控制蔬菜重金属污染的方法主要有生物修复治理措施（主要包括植物修复措施、微生物修复措施和低等动物修复措施）、工程治理措施（如改土法、电化法、热处理法、冲洗络合法）、化学治理措施（如施加改良剂、施入还原性有机物质、淋洗法、提高土壤 pH 等）、农业治理措施（如合理施肥、土地利用转型法、合适的耕作制度和作物品种等）。这些措施单独使用往往效果不是很理想，但将上述单一措施进行组装与配套即为生态措施，可以提高对蔬菜重金属污染的控制效果。芹菜重金属限量标准见表 5-4。

表 5-4　芹菜重金属限量标准　　mg/kg

重金属	Pb	Cd	Hg	As	Cr
限量标准	0.3	0.2	0.01	0.5	0.5

资料来源：GB 2762—2012 食品中污染物限量。

专家信息

徐学农:010-62815981;13811764889;xnxu@ippcaas. cn
石延霞:010-62197975;13717898909;shiyanxia@caas. cn
杜相革:010-62733113;13601282348;duxge@cau. edu. cn
卢志军:010-82077881;13693683207;13693683207@163. com
吴青君:010-82109518;13910296480;wuqingjun@caas. cn
罗 晨:010-51503338;18800005392;luochen1010@126. com
何洪巨:010-51503068;13501083092;hehongju@nercv. org
易欣欣:010-80799174;13683615931;yixinxin2008@163. com